全国中等职业学校
全 国 技 工 院 校 培养复合型技能人才系列

钳工知识与技能（初级）（第二版）习题册

虞海　主编

中国劳动社会保障出版社

简介

本习题册为全国中等职业学校、全国技工院校培养复合型技能人才系列教材《钳工知识与技能（初级）（第二版）》的配套用书。本习题册紧扣教学要求，按照单元顺序编排，知识点分布均衡，题型丰富多样，难易配置适当，有助于学生复习巩固所学知识。

本习题册由虞海任主编，赵树强任副主编，陆辉、丁廖廓参加编写。

图书在版编目（CIP）数据

钳工知识与技能（初级）（第二版）习题册 / 虞海主编 . -- 北京：中国劳动社会保障出版社，2021

全国中等职业学校、全国技工院校培养复合型技能人才系列

ISBN 978-7-5167-4960-9

Ⅰ.①钳… Ⅱ.①虞… Ⅲ.①钳工 – 中等专业学校 – 习题集 Ⅳ.① TG9-44

中国版本图书馆 CIP 数据核字（2021）第 229043 号

中国劳动社会保障出版社出版发行

（北京市惠新东街 1 号 邮政编码：100029）

*

三河市华骏印务包装有限公司印刷装订 新华书店经销

787 毫米 ×1092 毫米 16 开本 4.25 印张 95 千字

2021 年 12 月第 1 版 2021 年 12 月第 1 次印刷

定价：8.50 元

读者服务部电话：（010）64929211/84209101/64921644

营销中心电话：（010）64962347

出版社网址：http://www.class.com.cn

http://jg.class.com.cn

目　录

第一单元 认识钳工

课题一 钳工工作

一、填空题（将正确答案填写在横线上）

1. 机械设备都是由__________组成的，大多数零件是用______材料制成的。

2. 绝大多数金属零件通常需经过________、__________、__________等加工方法先制成毛坯。

3. 钳工是____的一个工种。

4. 钳工的主要任务是____________、____________、____________和____________。

二、判断题（正确的打“√”，错误的打“×”）

1. 机器上所有的零件都必须进行金属切削加工。（ ）

2. 金属零件毛坯的制作方法有锻造、铸造和焊接等。（ ）

3. 可用机械加工方法制作的零件都可由钳工完成。（ ）

4. 普通钳工主要从事工具、模具、夹具、量具及样板的制作和修理工作。（ ）

三、选择题（将正确答案的代号填入括号内）

1. 精密加工（如刮削、研磨、锉削样板等）以及检修和修配等操作属于钳工的（ ）任务。

A．加工零件　　B．装配

C．维修设备　　D．制造和修理工具

2. 使用工具、量具及辅助设备对各类设备进行安装、调试和维修的人员是（ ）。

A．普通钳工　　B．机修钳工

C．工具钳工　　D．以上选项均正确

四、简答题

按工作内容的性质来分，钳工工种可分为哪几类？各自担负的主要任务是什么？

课题二　钳工实习场地与常用设备

填空题（将正确答案填写在横线上）

1. 使用钳工实习场地设备可以完成常用工具的认识以及划线、＿＿＿＿＿＿、＿＿＿＿＿、＿＿＿＿＿、＿＿＿＿＿、＿＿＿＿＿、＿＿＿＿＿、＿＿＿＿＿等任务。

2. 台虎钳是用来＿＿＿＿＿＿的通用夹具，常用的有＿＿＿＿＿＿和＿＿＿＿＿＿两种。

3. 钻床是进行孔加工的设备，常用的有＿＿＿＿＿＿、＿＿＿＿＿和＿＿＿＿＿等。

课题三　钳工安全文明生产规章制度

一、判断题（正确的打“√”，错误的打“×”）

1. 在实习期间，工量具可根据自己的需要随意放置。　（　）
2. 量具在使用时能与工具或工件混放在一起。　（　）
3. 夹紧台虎钳时，用力应适当，不能使用加力杆。　（　）
4. 使用锤子前，要检查锤柄是否松脱，并擦净油污。使用锤子时，握锤子的手可以戴手套。　（　）
5. 使用游标卡尺、千分尺等精密量具测量时均应轻而平稳。　（　）

二、简答题

1．简述图 1–1 所示工作环境安全标志的含义。

图 1–1

2. 简述6S管理的基本内容和要求。

第二单元 常 用 量 具

课题一 测量长度尺寸的常用量具

一、填空题（将正确答案填写在横线上）

1．游标卡尺按其分度值分为____________、____________和________________三种，其中，分度值为____________的最为常用。

2．分度值为 0.02 mm 的游标卡尺，主标尺刻线每格为______ mm，游标尺刻线共 50 格的长度为______ mm，即游标尺刻线每格为______ mm。主标尺刻线与游标尺刻线每格差为______ mm。

3．外径千分尺是一种__________量具，测量精度要比游标卡尺_________。

4．量块是指具有一对相互平行测量面，且两平面间具有准确尺寸，截面为矩形的实物量具。量块经过精密加工的十分平整、光滑的两个平行面称为_______。两测量面之间的距离为__________，又称标称长度，该尺寸具有很高的精度。

5．外径千分尺测微螺杆的螺距为 0.5 mm，微分筒的外圆周上刻有 50 等分的刻度，当微分筒旋转一周时，测微螺杆轴向移动______ mm。如微分筒只转动一格时，则测微螺杆的轴向移动为______ mm。

二、判断题（正确的打“√”，错误的打“×”）

1．游标卡尺应按工件的尺寸及精度要求选用。（ ）

2．千分尺的测量面应保持干净，使用前应校对零位。（ ）

3．不能用千分尺测量毛坯或转动的工件。（ ）

4．为了保证测量的准确性，一般可用量块直接测量工件。（ ）

5．游标深度卡尺主要用来测量孔的深度、台阶的高度和沟槽深度。（ ）

三、选择题（将正确答案的代号填入括号内）

1．图 2–1 的尺寸读数是（ ）mm。

A．5.9　　B．50.45　　C．50.18

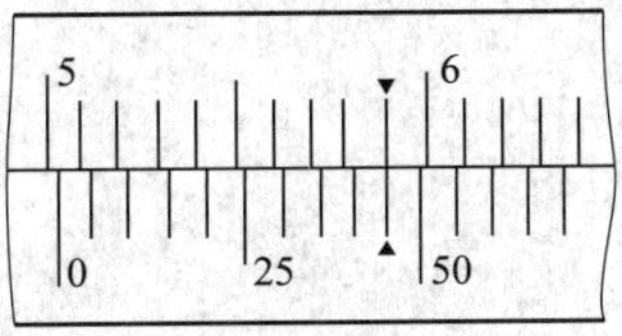

图 2–1

2．图 2–2 的尺寸读数是（　　）mm。

A．60.26　　　B．6.23　　　C．7.3

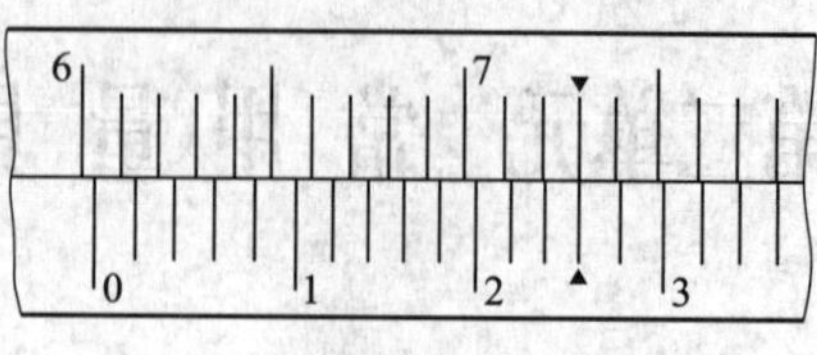

图 2–2

3．图 2–3 的尺寸读数是（　　）mm。

A．7.25　　　B．6.25　　　C．6.75

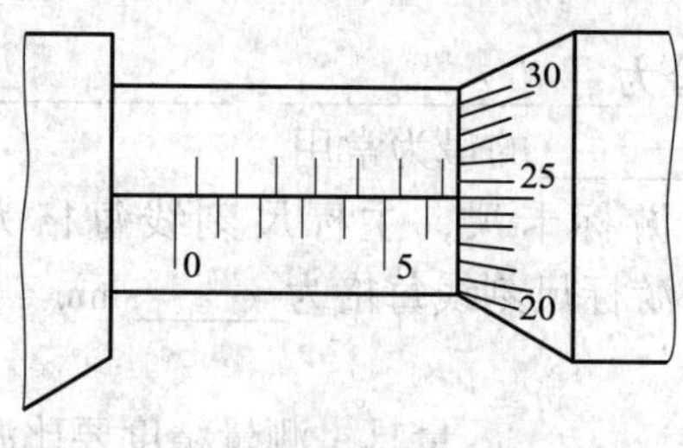

图 2–3

4．图 2–4 的尺寸读数是（　　）mm。

A．36.49　　　B．37.01　　　C．36.99

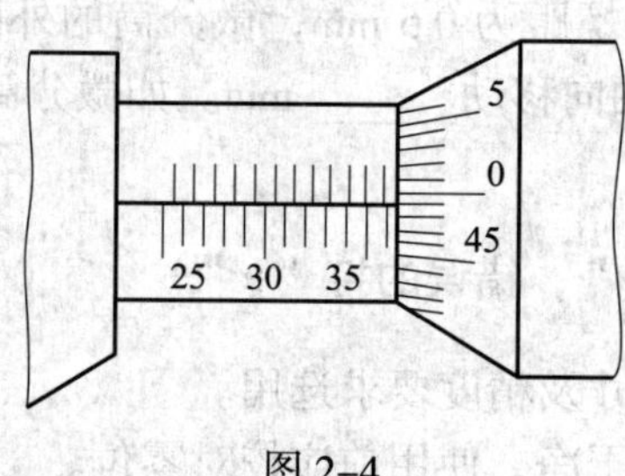

图 2–4

四、简答题

1．用游标卡尺测量工件时应怎样读数？

2. 用外径千分尺测量工件时应怎样读数?

3. 量块有什么用途?

五、计算题

1. 试选用合适的量块组成下列尺寸。

(1) 75.485 mm

(2) 60.78 mm

(3) 54.645 mm

2．试计算图 2–5 中的尺寸 A（已知圆柱销直径为 10 mm）。

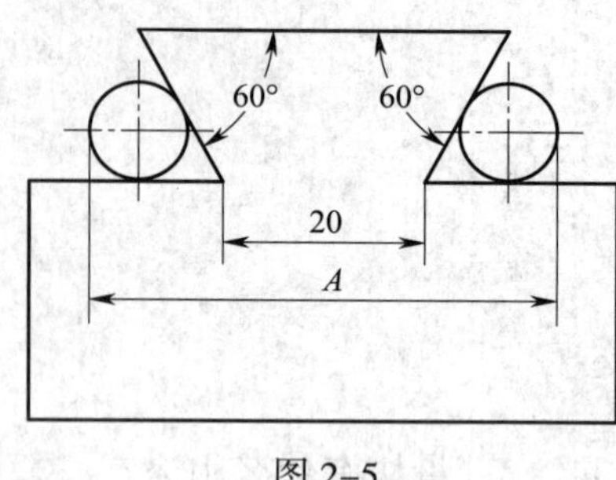

图 2–5

课题二　测量角度尺寸的常用量具

一、填空题（将正确答案填写在横线上）

1．游标万能角度尺是用来测量工件的____________、____________的量具，测量范围是____________。

2．正弦规是指根据__________________原理，利用________________，以间接方法测量____________或____________的测量器具。

二、判断题（正确的打“√”，错误的打“×”）

1．游标万能角度尺的分度值有 2′ 和 5′ 两种。（　　）

2．正弦规的精度等级分为 0 级和 1 级，其中 0 级的精度较高。（　　）

三、选择题（将正确答案的代号填入括号内）

1．使用测量范围为 0° ~ 320° 的游标万能角度尺时，可通过主尺与直角尺、直尺的相互组合，将测量范围划分为四个测量段，其相邻测量段相差（　　）。

A．90°　　B．180°　　C．360°

2．图 2–6 的角度读数是（　　）。

A．16° 24′　　B．16° 12′　　C．23° 22′

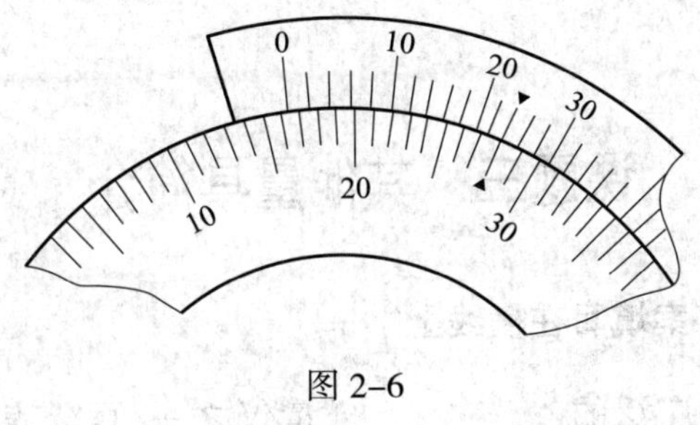

图 2–6

四、简答题

1. 简述正弦规的使用方法。

2. 简述游标万能角度尺的刻线原理及读数方法。

课题三　其他量具简介

一、填空题（将正确答案填写在横线上）

1. 百分表是应用最为广泛的__________量仪之一，百分表________小、________紧凑、________方便、________范围大、用途广泛。

2. 直角尺是指测量面与__________相互垂直，用以检验__________、__________和__________的实物量具。直角尺结构形式较多，其中最常用的是__________。

3. 塞尺是指具有________________的单片或成组的薄片，是用于检测________的实物量具。

4. 螺纹量规有环规和塞规。环规用于测量__________，塞规用于测量__________。在测量时，如果__________________________，则所加工的螺纹是合格的。

5. 检测表面粗糙度参数要求不严格时，通常采用__________；检测精度较高、要求获得准确评定参数时，则必须采用__________检测表面粗糙度参数。

二、判断题（正确的打“√”，错误的打“×”）

1. 刀口形直角尺是指测量面与基面宽度相等的直角尺。（　　）

2. 使用平板时，工件要轻拿轻放，不要在平板上挪动比较粗糙的工件，以免对平板工作面造成磕碰、划伤等损坏。（　　）

3. 塞尺可以测量温度较高的工件，使用时不能用力太小。（　　）

三、选择题（将正确答案的代号填入括号内）

1. 用百分表测量平面时，测杆要与被测平面（　　）。

A. 倾斜　　B. 垂直　　C. 平行

2. 用百分表测量圆柱形工件时，测杆要与工件的中心线（　　）。

A. 倾斜　　B. 垂直　　C. 平行

四、简答题

1. 简述百分表的分度原理。

2．简述表面粗糙度 *Ra* 值的检测方法。

第三单元　划　线

课题一　平面划线

一、填空题（将正确答案填写在横线上）

1．划线是指在毛坯或工件上，用________________划出__________________轮廓线或作为基准的点、线。

2．在工件的____________上划线后即能明确表示加工界线的划线方法称为平面划线。

3．划线除要求划出的线条______________外，最重要的是保证__________精确。

4．平面划线时一般要选择________个划线基准。

5．划线基准的类型有____、____________________________和____________________________三种。

6．钢直尺主要用于______________________及______________________，并作为划直线的__________工具。

7．分度头是铣床上_______________用的附件，钳工在划线时也常用分度头对工件进行____________和____________。

8．利用分度头可以在工件上划出____________、____________、____________以及圆的等分线和不等分线。

9．分度头的主要规格以____表示。

二、判断题（正确的打“√”，错误的打“×”）

1．游标高度卡尺是精确的量具，不可用它直接划线。（　　）

2．对于分度精度要求不高的工件，可利用装在主轴上的刻度盘直接分度。（　　）

3．为了消除分度头中蜗杆与蜗轮或齿轮之间的间隙对分度产生的影响，手柄必须朝一个方向摇动，如果发现已摇过了预定的孔位，则应反向摇过半圈后再重新摇到预定的孔位，并把定位插销插入孔内。（　　）

三、选择题（将正确答案的代号填入括号内）

1．一般的划线精度能达到（　　）。

A．0.025 ~ 0.05 mm　　B．0.25 ~ 0.5 mm

C．0.25 mm 左右　　D．0.5 mm 左右

2．对于经过划线确定的加工时的最后尺寸，在加工过程中，应通过（　　）来保证尺寸精度。

A．划线　　B．加工

C．测量　　D．以上选项均正确

3．分度头的手柄旋转 1 周时，装夹在主轴上的工件旋转（　　）周。

A．1　　B．10　　C．40　　D．1/40

4．用样冲冲眼时，要求位置准确，样冲眼不可偏离线条，在曲线上冲眼距离要小些，在直线上冲眼距离可大些，但短直线至少应有（　　）个样冲眼。

A．2　　B．3　　C．4　　D．任意

5．在薄壁或光滑表面上（　　）。

A．冲眼时应深些　　B．冲眼时应浅些

C．不能冲眼　　D．冲眼时可深可浅

四、简答题

1．划线的作用有哪些?

2．什么是基准、设计基准及划线基准?

3．划线基准的选择原则有哪些?

4．如图 3–1 所示，分别作两圆的内、外切圆弧，内切圆弧的半径为 80 mm，外切圆弧的半径为 40 mm（保留作线图）。

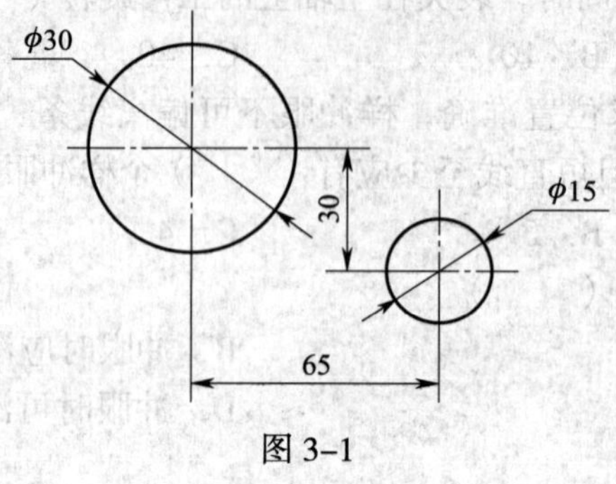

图 3–1

五、计算题

利用分度头在工件某一圆周上划出均匀分布的 15 个孔的中心，试求每划完一个孔中心后手柄应转过多少转。

课题二　立体划线

一、填空题（将正确答案填写在横线上）

1. 在工件上＿＿＿＿＿＿＿＿＿＿＿＿＿＿＿＿＿＿＿＿的表面划线才能明确表示加工界线的划线方法称为＿＿＿＿＿＿＿＿。

2. 借料就是通过＿＿＿＿＿＿和＿＿＿＿＿＿，将各加工表面的加工余量互相借用，合理分配，从而保证＿＿＿＿＿＿＿＿＿＿＿＿＿＿＿＿＿＿＿＿＿＿＿＿，而使误差和缺陷在加工后排除的方法。

3. 划线时，可将工件用夹持装置装夹在方箱上，通过翻转方箱，便可在一次安装的情况下，将工件上＿＿＿＿＿＿＿＿＿＿＿＿＿＿＿＿＿＿＿＿的线全部划出来。方箱上的V形槽可用于装夹＿＿＿＿＿＿工件。

4. V形架主要用来安放＿＿＿＿＿工件，划出＿＿＿＿＿＿线，找出＿＿＿＿＿等。

5. 应选择精度要求较高的表面或主要加工表面的加工线作为第一划线位置，其目的是保证它们有＿＿＿＿＿＿＿＿＿，经过加工后便于达到＿＿＿＿＿＿。

6. 应尽量选择复杂表面上＿＿＿＿＿＿＿＿的一个位置作为第一划线位置。

二、判断题（正确的打"√"，错误的打"×"）

1. 借料时，应考虑到加工表面与非加工表面之间的相对位置。（　　）

2. 在加工过程中，划线时找正和借料这两项工作是分开进行的。（　　）

3. 在选择尺寸基准时，尺寸基准不一定要与设计基准相一致。（　　）

4. 尺寸基准选定后，根据划线内容，首先应合理选择第一划线位置，以提高划线质量，简化划线过程。（　　）

5. 在对较大工件的划线必须使用吊车吊运时，绳索应安全、可靠，吊装的方法应正确。（　　）

6. 调整千斤顶的高低时，不可用手直接调节，以防止工件掉下砸伤手。（　　）

三、选择题（将正确答案的代号填入括号内）

1. 对于一些运动零件，借料时要保证它的运动极限位置与非加工表面之间的（　　）。

A．最小间隙　　B．最大间隙

C．最小过盈　　D．最大过盈

2. 在选择划线位置时，应尽量选择（　　）的位置作为第一划线位置。

A．划线面积较小　　B．划线面积较大

C．划线面积中等

3. 在划线时，对于较大的工件，应加（　　），使安放稳定、可靠。

A．固定支承　　B．浮动支承

C．附加支承　　D．支承板

4．大型工件放在划线平台上使用千斤顶顶住时，应在工件下面垫上（　　），以保证安全。

A．木块　　B．铁块

C．圆柱心棒　　D．等高块

四、简答题

1．什么是找正？找正的目的是什么？

2．找正基准的确定原则是什么？

3．简述借料的步骤。

第四单元　錾削与锯削

课题一　錾　　削

一、填空题（将正确答案填写在横线上）

1．錾削工作主要包括去除毛坯的凸缘、毛刺，__________，錾削平面以及不规则的沟槽等。

2．錾子由__________、__________以及__________三部分组成。

3．挥锤的方法有__________、__________、__________三种。

4．通常根据工件材料的__________选取楔角的大小，工具钢、铸铁等硬材料应选择楔角为__________，结构钢等中等硬度材料应选择楔角为__________，铜、铝、锡等软材料应选择楔角为__________。

5．在一般情况下，当錾削至约________ mm 到尽头时，必须掉头錾去余下的部分。

6．錾削直槽时，开始第一遍錾削时的錾削量一般不超过______ mm，以后每次的錾削量应根据槽深的不同而定，一般为______ mm，最后一遍錾削主要是保证加工质量，錾削量应控制在______ mm 之内。

7．油槽的作用是向__________的摩擦部位__________________润滑油，因此油槽必须和机件的润滑油通道____________，槽形__________、深浅__________，槽面__________。

二、判断题（正确的打“√”，错误的打“×”）

1．錾削时形成的切削角度有前角、后角和楔角，三角之和为 90°。（　　）

2．用台虎钳夹紧工件时，可以用锤子敲击台虎钳的手柄。（　　）

3．采用松握法时，只需用拇指和食指始终握紧锤柄。（　　）

4．錾削铸铁和青铜材料工件时，尽头部位不需要掉头錾削。（　　）

5．錾削时要防止切屑飞出伤人，在钳桌的前端安装防护网，操作者在必要时还可戴上防护眼镜。（　　）

6．錾屑要用刷子刷掉，不得用手擦或用嘴吹。（　　）

三、选择题（将正确答案的代号填入括号内）

1．錾身多呈（　　）形，以防錾削时錾子转动。

A．八棱　　B．方　　C．圆　　D．椭圆

2．锤体通常用碳素工具钢锻成，并经淬硬处理，其规格用（　　）表示。

A．长度　　B．质量　　C．体积

3．錾削时，采用肘挥时的锤击速度一般为（　　）次 /min。

A．20　　B．30　　C．40　　D．50

4．（　　）的作用是减小錾削时的切屑变形。

A．前角　　B．后角　　C．横刃斜角

四、简答题

1．錾子的种类有哪些？各应用在什么场合？

2．简述錾削时正确的站立姿势。

3．錾削时形成哪三个表面？画图并结合图示进行说明。

4．切断用錾子的切削刃应磨有适当的弧形，为什么？

5．简述起錾的方法。

课题二　锯　　削

一、填空题（将正确答案填写在横线上）

1．用锯削工具对材料或工件进行________________的加工方法称为锯削。

2．锯弓用于________并________锯条，有__________和__________两种。

3．锯条的规格包括长度规格和粗细规格两部分。长度规格用______________________________表示，钳工常用的长度规格为_______ mm。

4．锯路的形状有____________和____________。

5．锯削运动的速度一般为______________左右，锯削硬材料_______些，锯削软材料_______些，同时，锯削行程应保持_________，返回行程的速度应相对_________些。

6．________是锯削工作的开始。

7．锯齿的粗细规格用 25 mm 长度内的_______________________表示。

二、判断题（正确的打“√”，错误的打“×”）

1．固定式锯弓的锯身有活动锯身和固定锯身。通过活动锯身的前后位置移动可以实现锯身长度的调节，以适应安装不同长度规格的锯条。（　　）

2．固定式锯弓的结构与可调式锯弓大致相同，只是固定式锯弓的锯身是不可调节的，其安装的锯条规格只能是唯一的。（　　）

3．锯削运动时，推力和压力由右手控制，左手主要配合右手扶正锯弓，锯削压力应大一些。（　　）

4．手锯推出时为切削行程，应施加压力，返回行程不切削，不加压力自然拉回。（　　）

5．锯削管子和薄板时必须用粗齿锯条，否则锯齿会因强度不够而崩断。（　　）

6．锯削薄板材料时，应尽可能使锯条与薄板接触的齿数多些，以避免锯齿崩裂。（　　）

7．锯削运动中突然摆动过大及锯齿有过猛的撞击会在锯削时产生锯齿崩裂的现象。（　　）

8．锯条安装太松或与锯弓平面产生扭曲会在锯削时产生锯缝歪斜的现象。（　　）

三、选择题（将正确答案的代号填入括号内）

1．起锯时的速度要慢，起锯角 θ 约为（　　）。

A．5°　　B．10°　　C．15°　　D．20°

2．锯削工件时，由于锯削平面较小，其平面度误差通常都采用（　　）来检查。

A．目测法　　B．透光法

C．仪器　　D．以上均可

3．锯削工件时，截面上应有（　　）个以上的锯齿同时参加锯削，以避免锯齿被钩住而崩断。

A．1　　B．2　　C．3　　D．没有要求

4．锯削薄板时，必须选用（　　）锯条。

A．细齿　　B．中齿

C．粗齿　　D．以上均可

5．（　　）是锯条折断的原因。

A．起锯时起锯角太大　　B．使用锯齿两面磨损不均匀的锯条

C．工件未夹紧，锯削时工件松动　　D．以上都包括

6．锯弓未扶正或用力歪斜，使锯条偏离锯缝中心平面会在锯削时产生（　　）现象。

A．锯条折断　　B．锯条崩齿

C．锯缝歪斜　　D．锯条被卡住

四、简答题

1．简述锯削的应用。

2．什么是锯路？锯路的作用是什么？

3．简述锯削时正确站立姿势的基本要点。

4．如果将锯条装反，会对锯削产生什么样的影响？

5．锯削时的起锯角应如何选择？其大小对锯削有什么影响？

6．一般情况下锯削时应采用什么起锯方法？试说明这种起锯方法的特点。

7．简述锯齿的选用原则。

8．简述管子的锯削方法。

第五单元　锉　　削

课题一　平 面 锉 削

一、填空题（将正确答案填写在横线上）

1．用__________对工件表面进行切削加工，使工件的__________、__________、__________和__________等都达到要求的加工方法称为锉削。

2．锉刀是锉削的主要刀具，由碳素工具钢__________、__________或优质碳素工具钢________、________制成，经热处理淬火后切削部分硬度可达60HRC以上。齿纹有________齿纹和________齿纹两种。锉齿的粗细规格以锉刀每10 mm轴向长度内的__________________来表示。

3．钳工所用的锉刀按其用途不同可分为_________锉、_________锉和_________锉三类，锉刀的规格分为_________规格和齿纹的_________规格。

4．平面锉削方法有________________和________________。

二、判断题（正确的打"√"，错误的打"×"）

1．方锉刀的尺寸规格都是以锉身长度表示的。（　　）

2．用双齿纹锉刀锉削时，每个齿的锉痕交错而不重叠，锉削面比较光滑。（　　）

3．锉刀尺寸规格的选择取决于加工余量的大小。（　　）

4．锉削姿势正确与否，对锉削质量、锉削力的运用和发挥以及操作者的疲劳程度都有重要影响。（　　）

5．锉刀可以锉削毛坯的硬皮及经过淬硬的工件表面。（　　）

6．没有锉刀柄的锉刀不可使用。（　　）

7．锉削时锉刀柄不能撞击到工件上，以免锉刀柄脱落造成事故。（　　）

8．为观察锉削情况，应不断地用嘴吹去或用手擦去工件表面的锉屑。（　　）

三、选择题（将正确答案的代号填入括号内）

锉刀的断面形状应适应（　　）。

A．工件加工表面的形状　　　　B．工件的尺寸

C．工件的质量

四、简答题

1．应根据哪些原则选用锉刀？

2．简述锉刀的握法。

3．锉削平面不平的形式和原因有哪些？

4．简述推锉的操作方法及其应用。

课题二　曲 面 锉 削

一、填空题（将正确答案填写在横线上）

1．曲面锉削的主要应用是__________、__________的加工与修整和__________等。

2．锉削外圆弧面的方法有__________________和__________________两种。

3．锉削内圆弧面应选用__________________锉或者__________________锉。

4．锉削内圆弧面时，锉刀要同时完成________个运动：锉刀沿轴线做____________，沿圆弧面__________________，绕锉刀轴线____________。

二、判断题（正确的打“√”，错误的打“×”）

1．锉削球面时要同时完成三个运动，即锉刀的前进、转动和摆动。（　　）

2．使用圆锉锉削内圆弧面时，锉刀要做些转动，以防塌角。（　　）

3．在进行曲面锉削练习时，可用曲面样板通过塞尺或透光法检查曲面轮廓度误差。（　　）

三、选择题（将正确答案的代号填入括号内）

圆锉刀的规格是用锉刀的（　　）尺寸表示的。

A．长度　　　　B．直径　　　　C．半径

四、简答题

1．简述外圆弧面横向锉法的锉削过程。

2．简述外圆弧面顺圆弧锉法的锉削过程。

第六单元 孔加工

课题一 钻孔

一、填空题（将正确答案填写在横线上）

1．孔加工是钳工的重要操作技能，常用的孔加工方法有________、________、________以及________等。

2．用________在实体工件上加工出________的方法称为钻孔。

3．钻孔时的切削运动主要由________和________组成。

4．麻花钻由________和________组成。

5．通常在钻削 $\phi 13$ mm 以下的孔时，选用________麻花钻；钻削 $\phi 13$ mm 以上的孔时，选用________麻花钻。

6．在测量麻花钻的切削角度时，所利用的辅助平面主要包括________、________、________、________和________。

7．当麻花钻________磨出后，横刃斜角自然形成，其大小与________有关。

8．修磨短横刃并增大靠近钻心处的前角，可以减小________和________现象，提高麻花钻的________和________。

9．常用钻床按其结构形式可以分为________钻床、________钻床和________钻床等。

10．立式钻床除了能实现主运动和进给运动以外，还能实现两个辅助运动：________和________。

11．钻削用量三要素包括________、________和________。

12．切削液的作用有________、________、________和________，常用的切削液主要有________和________等。

二、判断题（正确的打“√”，错误的打“×”）

1．在钻削过程中，工件被固定在钻床上，切削运动的完成主要由钻床主轴实现，所以钻削时的主运动为钻床主轴（或麻花钻）的轴向移动。（　　）

2．为了减少刃带与孔壁的摩擦，便于导向，麻花钻的导向部分直径略有倒锥。（　　）

3．麻花钻主切削刃上各点前角的大小是不相等的：靠近外缘处前角最小，自外缘向内逐渐增大。（　　）

4．主后角大，则横刃斜角小，横刃较长。（　　）

5．普通麻花钻在切削时横刃较长，横刃处前角为负值，在切削中，横刃处于挤刮状

态，产生很大的轴向力，定心不良。 （ ）

6．修磨麻花钻时，可在麻花钻的两个后面或前面磨出几条相互对称的分屑槽，使切屑变窄，有利于切屑的顺利排出。 （ ）

7．台式钻床具有结构简单、操作方便等优点，主要用于在小型零件上加工 ϕ12 mm 以下的孔。 （ ）

8．摇臂钻床适用于在中小型零件上进行钻孔、扩孔、铰孔、锪平面及攻螺纹等工作。 （ ）

三、选择题（将正确答案的代号填入括号内）

1．标准麻花钻的横刃斜角 ψ =（ ）。

A．30° ~ 45° B．45° ~ 55°

C．50° ~ 55° D．60°

2．一般直径在（ ）mm 以上的麻花钻都需要修磨横刃。

A．4 B．5 C．6 D．8

3．选用普通麻花钻钻削黄铜零件时，最有可能产生（ ）现象。

A．定心不稳 B．切削部分温度过高

C．扎刀 D．以上三种

4．钻孔一般属于粗加工，同时又是在半封闭状态下进行加工，摩擦严重，散热困难，加工时应加入以（ ）作用为主的切削液。

A．冷却 B．润滑

C．清洗 D．以上选项均正确

5．钻床主轴径向偏摆或工作台未锁紧、有松动现象时会出现（ ）的问题。

A．孔径大于规定尺寸 B．孔位偏移

C．孔歪斜 D．孔呈多棱形

6．与待钻孔垂直的平面与主轴不垂直，或钻床主轴与工作台面不垂直会出现（ ）的问题。

A．孔径大于规定尺寸 B．孔位偏移

C．孔歪斜 D．孔呈多棱形

四、简答题

1．钻削时的加工特点有哪些？

2．标出如图 6–1 所示的普通麻花钻切削部分中各组成部分的名称。

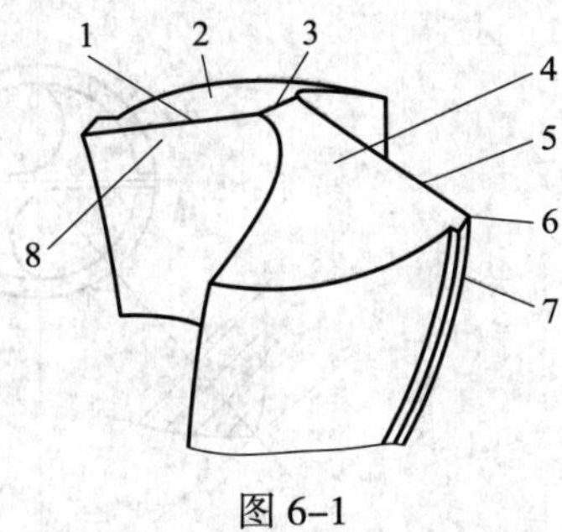

图 6–1

3．简述标准麻花钻的缺点。

4．在图 6–2 中标出普通麻花钻的切削角度。

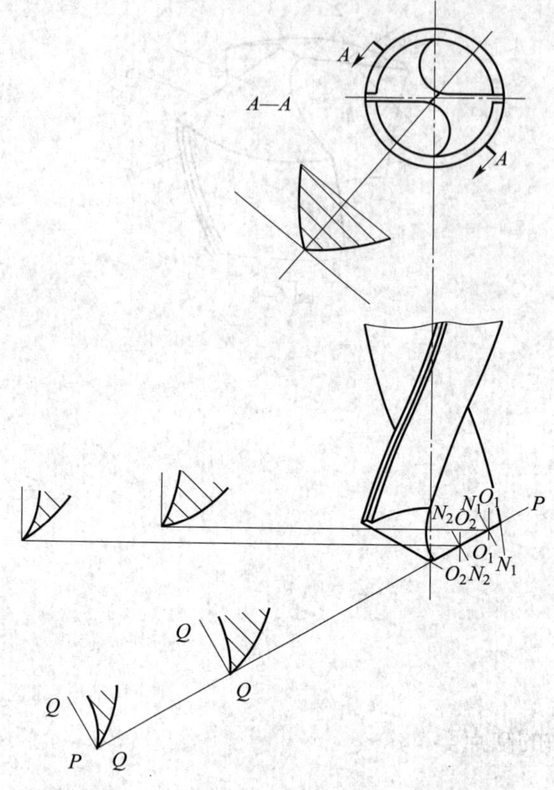

图 6–2

5．简述普通麻花钻的前角与后角的作用。

五、计算题

1．在钻床上钻 ϕ12 mm 的孔，若选择钻床主轴转速为 50 r/min，求钻削时的切削速度。

2．在钻床上钻 ϕ20 mm 的孔，根据切削条件，确定切削速度为 20 m/min，求应选择的钻床主轴转速（已知可选择的转速有 300 r/min、350 r/min、500 r/min 和 680 r/min）。

3．在厚度为 60 mm 的 45 钢工件上钻一个有效深度为 30 mm、直径为 20 mm 的孔，选用的切削速度为 20 m/min，进给量为 0.5 mm/r，麻花钻顶角为 120°。求钻完这个孔所需要的时间。

课题二　扩孔与锪孔

一、填空题（将正确答案填写在横线上）

1．扩孔是用扩孔刀具对________________进行扩大的一种孔加工方法。

2．因扩孔钻的中心不参与切削，所以扩孔钻没有______________，切削刃只做成________________。

3．扩孔时的进给量为钻孔时的________倍，切削速度为钻孔时的________。

4．锪孔的目的是保证孔端面与孔中心线的________，以便与孔连接的零件在装配时能保证__________，结构紧凑，同时装配____________，连接________。

二、判断题（正确的打"√"，错误的打"×"）

1．当孔的加工精度要求较高以及孔壁表面粗糙度值要求较小时，应选用主要起润滑作用的切削液。（　　）

2．钻孔后，在不改变工件与机床主轴相互位置的情况下，应立即换上扩孔钻进行扩孔，使钻头与扩孔钻的中心重合，保证加工质量。（　　）

3．因扩孔产生的切屑体积小，不需要大容屑槽，故扩孔钻可加粗钻心，提高刚度，使切削平稳。（　　）

4．钻孔加工常作为孔的半精加工及铰孔前的预加工。（　　）

5．在用普通麻花钻改磨锪钻时，为了减小切削时的振动，一般磨成双重后角 α_o 和 α_1，并将外缘处前角 γ_o 适当修磨，以防止切削时产生扎刀现象。（　　）

三、选择题（将正确答案的代号填入括号内）

1．台式钻床的主轴一共可以实现五级不同的转速，转速之间的转换主要依靠（　　）来实现。

A．两组三联滑移齿轮组　　B．三组两联滑移齿轮组

C．电动机控制　　D．一组带轮

2．一般整体式扩孔钻有（　　）个主切削刃。

A．2　　B．6

C．3 ~ 4　　D．8

3．锥形锪钻的锥角按工件锥形沉孔加工要求不同，有60°、75°、90°和120°四种，其中（　　）的锥角应用最为广泛。

A．60°　　B．75°

C．90°　　D．120°

四、简答题

1．简述标准麻花钻的修磨要点。

2．简述扩孔加工的特点。

五、计算题

在厚度为 20 mm 的钢板上加工一个 ϕ 12H9 的通孔，试确定该孔的加工步骤以及所选用刀具的规格。

课题三　铰　　孔

一、填空题（将正确答案填写在横线上）

1．用__________从工件孔壁上切除__________金属层，以提高其尺寸精度和孔壁表面质量的加工方法，称为铰孔。

2．铰刀的种类很多，按使用方式可分为____________和____________；按铰刀结构可分为__________和__________；按切削部分材料可分为____________和____________；按铰刀用途可分为__________和__________；按齿槽形式可分为__________和__________。

3．铰削用量包括________________、________________和________________。

二、判断题（正确的打"√"，错误的打"×"）

1．铰削铸铁孔时加注煤油润滑，由于煤油的渗透性较强，铰刀与工件之间形成的油膜产生挤压作用，会产生铰孔后孔径缩小的现象。（　　）

2．螺旋槽铰刀中螺旋槽的方向应是右旋，以避免铰削时因铰刀的顺时针转动而产生自动旋进的现象。（　　）

3．铰刀铰孔或退出铰刀时，铰刀均不能反转，以防止刃口磨钝或将切屑嵌入刀具后面与孔壁之间，将孔壁划伤。（　　）

三、选择题（将正确答案的代号填入括号内）

1．一般手用铰刀的齿距在圆周上是（　　）分布的。

A．均匀　　B．不均匀

C．视铰刀直径而确定　　D．视铰刀齿数而确定

2．一般机用铰刀的齿距在圆周上是（　　）分布的。

A．等距　　B．不等距

C．视铰刀直径而确定　　D．视铰刀齿数而确定

3．铰削不通孔时，若要使切屑向上排出，需选用（　　）。

A．左旋螺旋槽铰刀　　B．右旋螺旋槽铰刀

C．圆锥铰刀　　D．可调整式圆柱铰刀

4．铰削时，铰刀与孔的中心不重合，铰刀偏摆过大，会产生（　　）的现象。

A．孔径缩小　　B．孔径扩大

C．孔中心不直　　D．孔呈多棱形

5．铰削余量太大和铰刀切削刃不锋利，会使铰削产生"啃切"现象，或发生振动而出现（　　）的现象。

A．孔径缩小　　B．孔径扩大

C．孔中心不直　　D．孔呈多棱形

四、简答题

1．铰孔的特点有哪些？

2．标出图 6–3 所示铰刀各组成部分的名称。

图 6–3

3．什么是铰孔时的铰削余量？铰削余量应如何确定？

4．如何确定铰削时的进给量？

第七单元 螺纹加工

课题一 攻 螺 纹

一、填空题（将正确答案填写在横线上）

1. 用__________在工件孔中切削出__________的加工方法称为攻螺纹。按其操作方法分为__________________和__________________两种。

2. 丝锥由______________和______________组成。工作部分又分为_________________和________________。

3. 一组等径丝锥中，每只丝锥的大径、______________、_______________都相等，仅________________及________________不相等。

4. 攻螺纹时，丝锥对金属层有较强的__________作用，使攻出螺纹的__________小于底孔直径。

5. 攻螺纹时，需检查螺纹孔与基准面的______________误差，并用相应的螺钉进行________________。

二、判断题（正确的打“√”，错误的打“×”）

1. 机用和手用普通螺纹丝锥有粗牙、细牙之分，单支、成组之分，等径、不等径之分。（　　）

2. 为了控制排屑方向，有些丝锥将容屑槽做成螺旋槽。（　　）

三、选择题（将正确答案的代号填入括号内）

1. 通常三支一组的丝锥按（　　）分担切削用量。
   A. 6∶3∶1　　B. 1∶3∶6　　C. 1∶2∶3

2. 加工不通孔螺纹时，为了使切屑向上排出，丝锥容屑槽应做成（　　）槽。
   A. 左旋　　B. 右旋　　C. 直

四、简答题

1. 什么是等径丝锥？什么是不等径丝锥？

2. 螺纹底孔直径为什么要略大于螺纹小径?

3. 简述攻螺纹的方法。

4. 简述攻螺纹时螺纹歪斜的原因。

5. 简述攻螺纹时丝锥崩刃或折断的原因。

五、计算题

1. 试计算下列螺纹的底孔直径（精确到小数点的后一位）。

（1）在钢件上攻螺纹：M8、M12×1。

（2）在铸铁件上攻螺纹：M10、M12×1。

2. 计算在钢件上攻 M18 螺纹时的底孔直径。若攻不通孔螺纹，其螺纹有效深度为 45 mm，求底孔深度。

课题二　套　螺　纹

一、填空题（将正确答案填写在横线上）

1．用圆板牙在____________________上切削出__________的加工方法，称为套螺纹。

2．圆板牙由__________、__________和__________组成。它本身就相当于一个__________。

3．圆板牙架是装夹__________的工具，圆板牙放入后，用__________定位紧固。

二、判断题（正确的打“√”，错误的打“×”）

1．圆板牙的一端有切削锥。（　　）

2．套螺纹时，在圆板牙切入圆杆 5 ~ 6 牙时，应及时检查其垂直度并做校正。（　　）

三、选择题（将正确答案的代号填入括号内）

1．套螺纹前圆杆直径应（　　）螺纹的大径。

A．稍大于　　B．稍小于　　C．等于

2．为了使圆板牙起套时容易切入材料并做正确引导，套螺纹前圆杆端部要倒成锥半角为（　　）的锥体。

A．10° ~ 30°　　B．15° ~ 20°　　C．30° ~ 40°

四、简答题

简述套螺纹的方法。

五、计算题

需在钢件上套螺纹 M8、M10 和 M12，试确定钢件直径。

第八单元　矫正与弯形

课题一　矫　　正

一、填空题（将正确答案填写在横线上）

1. 消除金属材料或制件__________、__________、__________等缺陷的加工方法称为矫正。

2. 矫正的实质就是让金属材料产生__________来消除原来______________________。因此，只有塑性较__________的材料才能进行矫正。

3. 按矫正时被矫正工件的温度分类，矫正可分为__________和__________两种。

4. 手工矫正时，________________法用于金属板料及角钢的凸起、翘曲等变形的矫正，____________法用来矫正条料或角铁的扭曲变形，_____________法用来矫正各种细长线材的卷曲变形，_____________法主要用来矫正各种轴类、棒料、条料或型材的弯曲变形。

二、判断题（正确的打“√”，错误的打“×”）

1. 矫正后金属材料硬度提高、性质变脆的现象称为冷作硬化。（　　）
2. 矫正薄板时，不是使板料面积延展，而是利用拉伸和压缩的原理。（　　）
3. 矫正中凸的薄板时，应在凸起部分进行锤击，直至中凸部分平整为止。（　　）

三、选择题（将正确答案的代号填入括号内）

冷作硬化给后续加工带来困难，必要时应进行（　　），使材料恢复原来的力学性能。

A. 退火　　B. 回火　　C. 淬火

四、简答题

1. 简述轴类零件的矫正方法。

2．简述矫正时的注意事项。

课题二　弯　　形

一、填空题（将正确答案填写在横线上）

1．将坯料（如板料、条料或管子等）________________的加工方法称为弯形。

2．弯形的实质是使材料产生__________，因此，只有塑性_________的材料才能进行弯形。

3．材料弯曲变形的过程中，内缘___________，外缘___________，在内缘和外缘之间必然存在弯曲时________________________的一层，该层称为中性层。

4．按弯形时的坯料温度，弯形分为________和________；按弯形的操作方法，弯形分为__________和__________。

二、判断题（正确的打“√”，错误的打“×”）

1．同种材料，相同的厚度，外层材料变形的大小取决于弯形半径的大小，弯形半径越小，外层材料变形就越小。（　　）

2．材料弯形后，中性层长度保持不变，但位置一般不在材料厚度的几何中心。（　　）

3．工件弯形卸荷后，弯形角度和弯形半径会发生变化，出现回弹现象。（　　）

4．当材料弯形半径不变时，厚度越小，变形越大，中性层就越接近材料厚度的几何中心。（　　）

5．常用钢材的弯形半径如果大于材料厚度的两倍，一般就不会被弯裂。（　　）

6．弯形时不需要考虑回弹量的大小。（　　）

三、选择题（将正确答案的代号填入括号内）

1．材料弯形后，外层受拉力（　　）。

A．伸长　　B．缩短　　C．长度不变

2．弯形有焊缝的管子时，焊缝必须放在其（　　）的位置。

A．外层　　B．内层　　C．中性层

3．在一般情况下，为简化计算，当 $r/t \geqslant 8$ 时，中性层位置系数即可按（　　）进行计算。

A．x_o=0.4　　B．x_o=0.5　　C．x_o=1

四、简答题

1．薄板的主要变形有哪几种？简述其矫正方法。

2．中性层位置与哪些因素有关？

五、计算题

1．计算图 8-1 所示工件的展开长度。

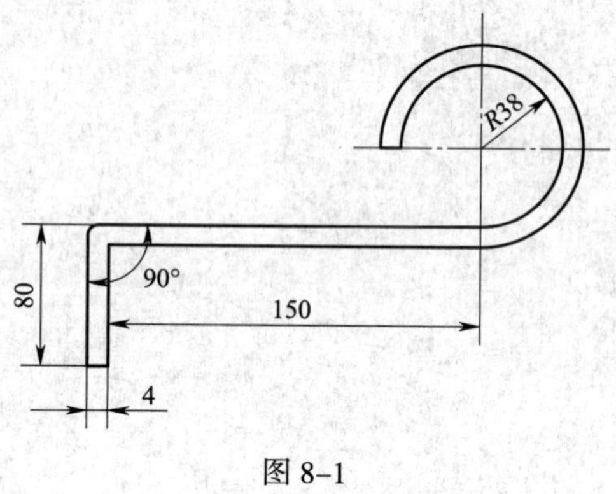

图 8-1

2．计算图 8-2 所示工件的展开长度。

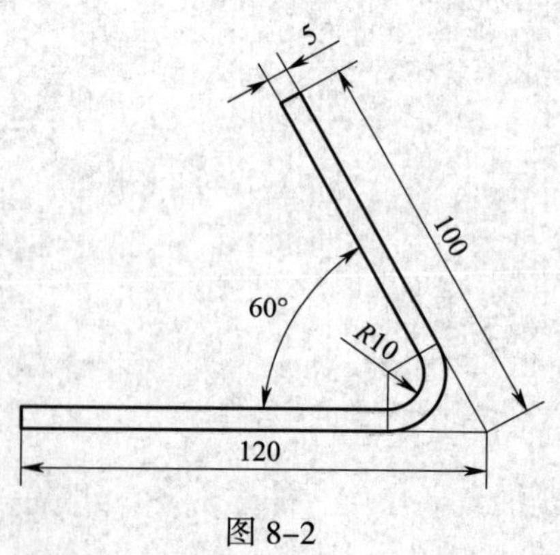

图 8-2

3．用 ϕ6 mm 的圆钢弯成外径为 48 mm 的圆环，求圆钢的落料长度。

第九单元　铆接与粘接

课题一　铆　　接

一、填空题（将正确答案填写在横线上）

1．借助铆钉形成__________的连接称为铆接。

2．按使用要求的不同，铆接可分为__________铆接和__________铆接两种。

3．按操作方法的不同，铆接可分为__________、__________和__________。

4．铆接形式可分为__________、__________和__________等几种。

5．常用铆钉的排列形式有__________、__________、__________和__________等。

6．铆距是指__________之间或__________________________的距离。

7．铆钉杆径的大小与__________________________、__________________________以及__________________________等多种因素有关。

二、判断题（正确的打“√”，错误的打“×”）

1．直径在 10 mm 以下的钢制铆钉都可以用冷铆方法铆接。（　　）

2．强密铆接能承受很大的压力，而且接缝处非常紧密，即使在较大压力下，液体或气体也不易渗漏，一般应用于锅炉、高压容器等。（　　）

3．铆钉受热后塑性好，容易成形，而且冷却后铆钉杆收缩，还可以加大结合强度。（　　）

4．铆钉并列排列时，铆钉距大于等于铆钉直径的两倍。（　　）

三、选择题（将正确答案的代号填入括号内）

1．（　　）应用于结构需要有足够的强度，承受强大的作用力的地方。

A．强固铆接　　B．紧密铆接

C．强密铆接　　D．以上均可

2．热铆时需要将铆钉孔直径放大（　　）mm，使铆钉在热态时容易插入铆钉孔。

A．0.05 ~ 0.1　　B．0.25 ~ 0.5

C．0.5 ~ 1　　D．1 ~ 1.25

3．直径大于（　　）mm 的钢制铆钉多采用热铆。

A．8　　B．10

C．12　　D．没有具体要求

4．(　　) 铆钉主要用于连接表面有光滑要求，同时承受载荷不大的铆接场合。

A．平头　　B．半圆头

C．沉头　　D．半圆沉头

5．(　　) 铆钉用于有防滑要求、承受载荷较小的某些场合。

A．平头　　B．半圆头

C．沉头　　D．半圆沉头

四、简答题

1．固定铆接可分为哪几种不同的类型？各应用于什么场合？

2．在铆接结构中，有哪三种隐蔽性的损坏情况？

五、计算题

1．用半圆头铆钉铆接厚度分别为 3 mm 和 2 mm 的两块钢板，用计算法确定铆钉杆径、铆钉杆长度和铆距。

2. 用沉头铆钉铆接两块厚度为 4 mm 的钢板，试确定铆钉杆径、铆钉杆长度和通孔直径。

课题二　粘　　接

一、填空题（将正确答案填写在横线上）

1. 粘接是利用__________把不同或相同的材料牢固地连接成一体的操作方法。

2. 按照使用材料的不同，黏合剂可分为_________ 黏合剂和_________黏合剂两大类。

二、选择题（将正确答案的代号填入括号内）

无机黏合剂可用于螺栓紧固、轴承定位、密封堵漏等，但它不适用于粘接多孔性材料和间隙超过（　　）mm 的缝隙。

A．0.1　　B．0.2　　C．0.5　　D．0.3

三、简答题

1. 简述粘接的特点。

2．简述粘接的工艺过程。

第十单元　刮削与研磨

课题一　刮　　削

一、填空题（将正确答案填写在横线上）

1．用________刮除工件表面________的加工方法称为刮削。

2．平面刮削有________平面刮削和__________平面刮削两种。

3．平面刮刀用于刮削__________和__________。

4．校准工具是用来__________________和检验刮削面__________的工具。

5．平面刮削一般要经过__________、__________、__________和刮花。

6．红丹粉分为__________和__________两种。

7．对平面刮削精度最常用的检查方法是将__________与__________对研后，将边长为_____ mm 的正方形框放在被检查面上，根据该框内的________来确定刮削精度。

8．按所刮表面精度要求不同，平面刮刀可分为____________、______________和____________三种。

9．曲面刮刀主要用于刮削_______曲面，常用的有_______刮刀和_______刮刀等。

二、判断题（正确的打“√”，错误的打“×”）

1．刮削具有切削量大、切削力大、产生热量大、装夹变形大等特点。（　　）

2．粗刮时，显示剂涂在工件表面；精刮时，显示剂涂在校准件上。（　　）

3．调和显示剂时，粗刮时可调得稀些，精刮时可调得稠些。（　　）

4．粗刮的目的是增加研点，改善表面质量，使刮削表面符合各项精度要求。（　　）

5．检查内孔的刮削精度时，是以 25 mm × 25 mm 面积内的接触点数来确定的。（　　）

三、选择题（将正确答案的代号填入括号内）

1．在机械加工后留下的刮削余量不宜太大或太小，一般为（　　）mm。

A．0.3 ~ 0.5　　B．0.05 ~ 0.4　　C．0.5 ~ 1

2．检查内曲面的刮削质量时，校准工具一般采用与其配合的（　　）。

A．孔　　B．轴　　C．孔或轴

3．当工件被刮削面小于平板面时，推研中最好（　　）平板。

A．超出　　B．不超出　　C．超出或不超出

4．刮削曲面显示研点时，将显示剂涂在（　　）。

A．轴的圆柱面上

B．被刮的内曲面上

C．轴的圆柱面上或被刮的内曲面上均可

四、简答题

1．简述刮削的原理。

2．显示剂的种类有哪些？各适用于什么场合？

3．画出粗刮刀、细刮刀、精刮刀头部的形状并标注其角度。

4．简述挺刮法的动作要领。

5．简述曲面刮削的要点。

课题二　研　磨

一、填空题（将正确答案填写在横线上）

1．研磨可使工件获得精确的________、________和极小的______________。

2．经过研磨后的表面粗糙度值一般为 *Ra*________ μm，最小可达到 *Ra*________ μm。

3．磨料的粗细用________表示，________越大，________就越细。

4．研具是保证工件______________________________的重要因素，常用的类型有____________、____________和____________。

5．研磨后零件的表面粗糙度值很小，形状准确，零件的耐磨性、______________能力和_________________都相应提高。

6．一般研磨平面时，工件沿平板全部表面以________形、________形或______________________________________等形式进行研磨。

7．将研磨环的内孔、研磨棒的外圆制成圆锥形，可用来研磨___________________面和

________________面。

8．圆柱面一般以______________配合的方法进行研磨。

9．在车床上研磨外圆柱面，是通过工件的_________和研磨环在工件上_________方向做_________运动进行的。

二、判断题（正确的打“√”，错误的打“×”）

1．研磨平面时，压力大，表面粗糙度值小，速度太快，会引起工件发热，提高研磨效率。（ ）

2．研磨后尺寸精度最高可达到 0.01 ~ 0.05 mm。（ ）

3．低碳钢塑性较好，不易折断，常用来做小型的研具。（ ）

4．有槽研磨平板用于精研。（ ）

5．金刚石磨料切削性能差，硬度低，使用效果不好。（ ）

6．磨料粒度号大，磨粒细；粒度号小，磨粒粗。微粉号大，磨粒粗；反之，磨粒细。（ ）

7．狭窄平面要研磨成半径为 R 的圆角，可采用直线运动轨迹研磨。（ ）

8．通用平板的精度为 0 级最低、3 级最高。（ ）

9．研磨余量的大小应根据工件加工表面的大小、精度要求以及研磨条件进行合理选择，有时研磨余量可以留在工件的公差范围之内。（ ）

10．研磨棒的工作长度应大于工件内孔的长度，一般是工件内孔长度的 2.5 ~ 3.0 倍，太长会影响研磨精度。（ ）

11．研磨时，如果工件两端孔口有过多的研磨剂被挤出，应及时擦去；否则会使孔口扩大，研成喇叭口形状。（ ）

三、选择题（将正确答案的代号填入括号内）

1．研具材料应比被研磨工件材料（ ）。

A．软　　B．硬

C．硬度一样　　D．硬度无要求

2．研磨内孔时，有槽的研磨棒（ ）。

A．用于精研磨　　B．用于粗研磨

C．用于去除研磨废料与毛刺　　D．不可用于研磨

3．使磨料均匀分散在研磨剂中，并起稀释、润滑和冷却等作用的是（ ）。

A．切削液　　B．分散剂

C．辅助材料　　D．以上选项均正确

4．研磨环在工件上的往复移动速度根据工件表面出现的网纹倾斜角度来控制，当出现 45°交叉网纹时，说明研磨环的移动速度（ ）。

A．太快　　B．太慢　　C．适中

5．研磨余量不能太大，一般控制在（ ）mm 比较适宜。

A．0.005 ~ 0.030　　B．0.05 ~ 0.3

C．0.1 ~ 0.5　　D．0.25 ~ 0.5

6.（　　）用于精研磨淬火钢、高速钢和薄壁零件。

A．白刚玉　　B．黑碳化硅

C．人造金刚石　　D．绿碳化硅

7.（　　）用于研磨铸铁、铜合金、铝合金和非金属材料。

A．白刚玉　　B．黑碳化硅

C．人造金刚石　　D．绿碳化硅

8.（　　）用于研磨平板的修整或小平面工件的研磨。

A．螺旋形运动轨迹　　B．“8”字形运动轨迹

C．仿“8”字形运动轨迹　　D．B 和 C

9.（　　）用于对圆柱工件的端面进行研磨。

A．螺旋形运动轨迹　　B．“8”字形运动轨迹

C．仿“8”字形运动轨迹　　D．B 和 C

10．研磨时，研磨棒的外圆与工件内孔的配合应适当，若配合太紧，易出现（　　）的现象。

A．孔表面拉毛　　B．孔呈椭圆形

C．喇叭口　　D．以上选项均正确

11．研磨时，研磨棒的外圆与工件内孔的配合应适当，若配合太松，易出现（　　）的现象。

A．孔表面拉毛　　B．孔呈椭圆形

C．喇叭口　　D．以上选项均正确

四、简答题

1．什么是研磨？简述研磨的原理。

2．常用磨料分为哪几种？

3．什么是研磨剂？简述研磨剂各组分的作用。

4．研具使用的材料有什么要求？常用的研具材料有哪几种？各应用于什么场合？

第十一单元　装　　配

课题一　装配工艺知识

一、填空题（将正确答案填写在横线上）

1. 机械产品一般由许多________和________组成。

2. 按规定的技术要求，将若干个零件结合成部件或若干个零件和部件结合成整机的过程称为________。

3. 装配的组织形式随着生产类型、产品复杂程度和技术要求的不同而不同，一般分为__________和__________两种。

4. 对比较复杂的产品，其装配工作分为________装配和________装配。

二、判断题（正确的打“√”，错误的打“×”）

1. 部件装配和总装配都是从基准零件开始的。（　　）
2. 精度检验是指几何精度和工作精度的检验。（　　）
3. 移动式装配的装配质量好，生产率高。（　　）
4. 一个装配工步可以包括一道或几道装配工序。（　　）
5. 流水装配法主要应用于单件、小批量生产。（　　）
6. 装配工作的好坏对产品的质量可能有一定影响。（　　）

三、选择题（将正确答案的代号填入括号内）

1. 直接进入组件装配的部件称为（　　）。
A．零件　　B．分组件　　C．装配单元
2. 将零件和（　　）结合成一台完整产品的装配工作称为总装配。
A．零件　　B．组件　　C．部件

四、简答题

1. 产品的装配工艺过程包括哪些？

2. 什么是装配工艺规程？简述其作用。

3. 简述制定装配工艺规程的步骤。

课题二　连接件的装配

一、填空题（将正确答案填写在横线上）

1. 螺纹连接是一种可拆卸的________连接，可分为________螺纹连接和__________螺纹连接。

2. 普通螺纹连接的基本类型有______________、__________________等。

3. 螺纹连接的配合精度通常分为__________、__________、__________三种。

4. 一字旋具规格用____________表示。使用时，应根据螺钉沟槽的________选用。

5. 专用扳手一般有__________扳手、__________扳手、__________扳手、________扳手和__________扳手等。

6. 过盈连接是靠________________和________________配合后的__________来达到紧固连接目的的一种连接方法。

7. 对于圆柱面的过盈连接，当________________________较小时，一般采用在常温下的______________装配。

8. 键是主要用来连接____________和____________________，并用于周向固定以传递____________的一种机械零件。

9. 根据结构特点和用途不同，键连接可分为＿＿＿＿＿＿连接、＿＿＿＿＿＿连接和＿＿＿＿＿＿连接三大类。

10. 松键连接所用的键有＿＿＿＿＿、＿＿＿＿＿、＿＿＿＿＿、＿＿＿＿＿等。

11. 楔键连接分为＿＿＿＿＿连接和＿＿＿＿＿连接两种，多用于＿＿＿＿＿＿要求不高、转速＿＿＿＿＿的场合。

12. 按工作方式分，花键连接有＿＿＿＿＿和＿＿＿＿＿两种；按齿廓形状分，花键可分为＿＿＿＿＿花键和＿＿＿＿＿花键两类。

二、判断题（正确的打“√”，错误的打“×”）

1. 扳手常用碳素工具钢、低合金刃具钢或高速钢制成。（　）
2. 套筒扳手由一套尺寸相等的梅花套筒组成。（　）
3. 用控制扭角法来控制预紧力的原理与控制螺栓伸长法不同。（　）
4. 双螺母拧紧法是将两个螺母相互锁紧在双头螺柱上，然后扳动螺母将双头螺柱拧入螺孔中。（　）
5. 圆柱销一般依靠过盈配合固定在孔中，用于定位和连接。（　）
6. 圆柱销可以多次装拆，一般不会降低定位精度和连接的紧固程度。（　）
7. 过盈连接一般属于可拆卸连接。（　）
8. 配合件的过盈量及配合尺寸较小时，一般采用热胀法装配。（　）
9. 松键连接在键长方向与键槽、键的顶面与轮毂槽之间应留有间隙。（　）
10. 装配楔键时，要用涂色法检查楔键两侧面与轴槽或轮毂槽的接触情况。（　）
11. 花键连接适用于小载荷和同轴度要求较低的连接。（　）
12. 紧键连接多用于同轴度要求不高、转速较低的场合。（　）

三、选择题（将正确答案的代号填入括号内）

1. 采用控制螺栓伸长法时，按预紧力要求拧紧后的螺栓长度（　）拧紧前的螺栓长度。

A. 等于　B. 大于　C. 小于

2. 双头螺柱装配时，其轴线必须与机体表面（　）。

A. 同轴　B. 平行　C. 垂直

3. 拧紧呈长方形布置的成组螺母或螺钉时，应从（　）扩展。

A. 左端开始，向右端　B. 右端开始，向左端

C. 中间开始，向两边对称地

4. 机械防松装置包括（　）防松。

A. 止动垫圈　B. 锁紧螺母　C. 弹簧垫圈

5. 圆锥销以（　）和长度表示规格。

A. 小端直径　B. 大端直径

C. 中间部分直径

6. 过盈连接装配时，应保证其最小过盈量（　）该连接所需要的最小过盈量。

A. 等于　B. 等于或稍大于　C. 稍小于

7．松键连接能保证轴与轴上零件有较高的（　　），在转速及精度较高的轴与轴上零件的连接中应用较多。

A．同轴度　　B．平行度　　C．垂直度

8．松键连接各种不同配合性质是靠改变（　　）的极限尺寸获得的。

A．键　　B．键槽　　C．轴槽、轮毂槽

9．楔键连接中，键侧与键槽有一定的（　　）。

A．间隙　　B．过盈　　C．间隙或过盈

10．对于钩头楔键，不应使钩头紧贴套件端面，必须留有一定距离，以便（　　）。

A．装配　　B．拆卸　　C．测量

四、简答题

1．螺纹连接的装配技术要求有哪些?

2．对于重要的螺纹连接应如何控制预紧力?

3．双头螺柱的拧紧方法有哪几种？其原理是什么？

4．简述成组螺栓或螺母的拧紧方法。

5．螺纹连接松动的原因是什么？常用的防松方法有哪些？

6. 简述销连接的作用。

7. 为什么装配前被连接件的两孔应同时钻、铰?

8. 简述过盈连接的装配技术要求。

9．常用过盈连接的装配方法有哪些？各应用于什么场合？

10．简述松键连接的装配要点。

课题三　部件的装配

一、填空题（将正确答案填写在横线上）

1．塞尺用于测量__________尺寸。在检验被测尺寸是否合格时，可以用__________法判断。

2．通过修配得到装配精度，可__________零件制造精度。

二、简答题

1．简述塞尺的使用方法。

2．简述修配方法的特点。